上海市工程建设规范

既有居住建筑节能改造技术标准

Technical standard for energy efficiency retrofit of
existing residential buildings

DG/TJ 08—2136—2022
J 10952—2022

主编单位:上海市房地产科学研究院
上海众合检测应用技术研究所有限公司
上海建科集团股份有限公司
批准部门:上海市住房和城乡建设管理委员会
施行日期:2022 年 12 月 1 日

同济大学出版社

2023 上海

图书在版编目(CIP)数据

既有居住建筑节能改造技术标准/上海市房地产科学研究院,上海众合检测应用技术研究所有限公司,上海建科集团股份有限公司主编. —上海:同济大学出版社,2023.3

ISBN 978-7-5765-0801-7

Ⅰ. ①既… Ⅱ. ①上… ②上…③上… Ⅲ. ①居住建筑-节能-技术改造-标准 Ⅳ. ①TU241-65

中国国家版本馆 CIP 数据核字(2023)第 042092 号

既有居住建筑节能改造技术标准

上海市房地产科学研究院
上海众合检测应用技术研究所有限公司 **主编**
上海建科集团股份有限公司

责任编辑 朱 勇
助理编辑 王映晓
责任校对 徐春莲
封面设计 陈益平

出版发行 同济大学出版社 www.tongjipress.com.cn
(地址:上海市四平路 1239 号 邮编:200092 电话:021-65985622)
经 销 全国各地新华书店
印 刷 浦江求真印务有限公司
开 本 889mm×1194mm 1/32
印 张 2
字 数 54 000
版 次 2023 年 3 月第 1 版
印 次 2023 年 3 月第 1 次印刷
书 号 ISBN 978-7-5765-0801-7
定 价 20.00 元

上海市住房和城乡建设管理委员会文件

沪建标定〔2022〕368号

上海市住房和城乡建设管理委员会
关于批准《既有居住建筑节能改造技术标准》
为上海市工程建设规范的通知

各有关单位：

由上海市房地产科学研究院、上海众合检测应用技术研究所有限公司、上海建科集团股份有限公司主编的《既有居住建筑节能改造技术标准》，经我委审核，现批准为上海市工程建设规范，统一编号为DG/TJ 08—2136—2022，自2022年12月1日起实施。原《既有居住建筑节能改造技术规程》（DG/TJ 08—2136—2014）同时废止。

本标准由上海市住房和城乡建设管理委员会负责管理，上海市房地产科学研究院负责解释。

上海市住房和城乡建设管理委员会

2022年8月8日

前　言

根据上海市住房和城乡建设管理委员会《关于印发〈2019 年上海市工程建设规范、建筑标准设计编制计划〉的通知》(沪建标定〔2018〕753 号)的要求，由上海市房地产科学研究院、上海众合检测应用技术研究所有限公司、上海建科集团股份有限公司会同有关单位进行了广泛的调查研究，认真总结实践经验，并参照国内外相关标准和规范，在反复征求意见的基础上，对上海市工程建设规范《既有居住建筑节能改造技术规程》DG/TJ 08—2136—2014 进行修订。

本标准的主要内容有：总则；术语；基本规定；节能改造预评估；围护结构节能改造；供暖、通风和空调及生活热水供应系统节能改造；电力与照明系统节能改造；节能改造后评估。

本次修订的主要内容有：

1. 提高节能改造后外窗气密性、传热系数要求。

2. 调整屋面及外墙外保温适用材料类型。

3. 补充外墙反射隔热涂料、气凝胶等薄体材料的应用。

4. 增加外墙内保温改造措施。

5. 提升改造后供暖、通风和空调及生活热水供应系统、电力与照明系统等设备性能指标要求。

各单位及相关人员在执行本标准过程中，如有意见和建议，请反馈至上海市住房和城乡建设管理委员会(地址：上海市大沽路 100 号；邮编：200003；E-mail：shjsbzgl@163.com)，上海市房地产科学研究院(地址：上海市复兴西路 193 号；邮编：200031；E-mail：shfkkygl@163.com)，上海市建筑建材业市场管理总站(地址：上海市小木桥路 683 号；邮编：200032；E-mail：shgcbz@163.com)，以供今后修订时参考。

主编单位：上海市房地产科学研究院
上海众合检测应用技术研究所有限公司
上海建科集团股份有限公司

参编单位：上海东方雨虹防水技术有限责任公司
上海中南建筑材料有限公司
凯圣新型建材科技（浙江）有限公司
上海浦东建筑设计研究院有限公司
上海建工四建集团有限公司
上海市闵行区建筑建材业管理所
江苏晨光涂料有限公司
上海市房屋建筑设计院有限公司

参加单位：上海豪米建设工程技术服务有限公司
上海同凝节能科技有限公司
上海奇鸣涂料有限公司
上海太平洋能源中心

编制人员：赵为民　古小英　张　蕊　杨　霞　钱昭羽
张　超　华俊杰　满唐骏夫　杨　靖
黄立付　杨德堃　张文宇　何晓燕　卜　震
邹文利　高　凌　吴俊锋　钟　巍　徐金枝
杨　峰　张建华　畅　印　张　铭　谷志旺
曹佳雯　张秀俊　范　昂　许　敏　张霁川
张栋鹏　汪海生　薛亚波　廖国元　寇玉德
沈祖宏　王　新　刘　明

参加人员：范旗军　李　旖　苏　奇　郭建新　许　鹰

主要审查人员：寿炜炜　朱邦范　周建民　任剑峰　樊　钧
张金元

上海市建筑建材业市场管理总站

目　次

Contents

1 总 则

1.0.1 为贯彻国家和本市节能降耗的有关法律法规和方针政策，规范既有居住建筑节能改造技术应用，确保节能改造工程质量和安全，制定本标准。

1.0.2 本标准适用于本市既有居住建筑的节能改造工程。

1.0.3 既有居住建筑节能改造应结合既有居住建筑现状和改造目标，采用适宜的技术，改善室内环境品质，提高建筑的能源利用效率。

1.0.4 既有居住建筑的节能改造，除应符合本标准外，尚应符合国家、行业和本市现行有关标准的规定。

2 术语

2.0.1 既有居住建筑 existing residential building

已建成使用且以居住为目的的民用建筑，包括住宅和宿舍。

2.0.2 节能改造 retrofit for energy efficiency

在保证既有居住建筑的室内环境和室内人员居住舒适度的前提下，对围护结构、用能设备和系统采取节能技术措施，以降低建筑运行能耗的活动。

2.0.3 单项节能改造 single retrofit for energy efficiency

为降低既有居住建筑运行能耗，对建筑围护结构、用能设备或系统中的一项采取节能技术措施的活动。

2.0.4 综合节能改造 comprehensive retrofit for energy efficiency

为降低既有居住建筑运行能耗并达到既定的节能目标，对建筑围护结构、用能设备或系统中的两项或两项以上采取节能技术措施的活动。

2.0.5 节能改造预评估 pre-assessment for energy efficiency retrofit

既有居住建筑节能改造前，对围护结构热工性能、用能设备能效、建筑能耗进行检测、评估，明确建筑用能现状的活动。

2.0.6 节能改造后评估 post-assessment for energy efficiency retrofit

既有居住建筑节能改造后，对围护结构热工性能、用能设备能效、建筑能耗进行检测、评估，明确建筑节能改造效果的活动。

2.0.7 气凝胶绝热涂料体系 thermal insulation coating system with aerogel

涂覆于建筑墙体表面，由底涂漆、气凝胶绝热中涂漆和气凝胶绝热面涂漆复合，施涂后形成总干膜厚度大于 2 mm 的，具有装饰、绝热功能的涂料体系。

3 基本规定

3.0.1 既有居住建筑节能改造可选择单项节能改造或综合节能改造。

3.0.2 既有居住建筑节能改造宜结合住宅小区综合改造、房屋修缮工程等同步进行。

3.0.3 既有居住建筑节能改造应在确保结构安全的前提下开展,工程质量和安全管理应符合国家、行业及本市现行相关标准和管理规定。

3.0.4 既有居住建筑节能改造技术措施应充分考虑本市的气候特点,以夏季隔热为主,兼顾冬季保温。

3.0.5 既有居住建筑节能改造前应进行节能预评估,根据节能预评估结果和建筑剩余使用年限,从技术可靠性、可操作性、节能性和经济性等方面进行综合分析,选取合理可行的节能改造方案和技术措施。

3.0.6 既有居住建筑节能改造后宜进行节能改造后评估,后评估结果应作为验证节能改造效果的判据。

3.0.7 既有居住建筑节能改造所用材料和设备应符合设计要求,其性能应符合国家、行业和本市现行相关标准的要求,严禁使用国家和本市禁止与淘汰的材料和设备。

3.0.8 既有居住建筑节能改造流程宜按图 3.0.8 的规定执行。

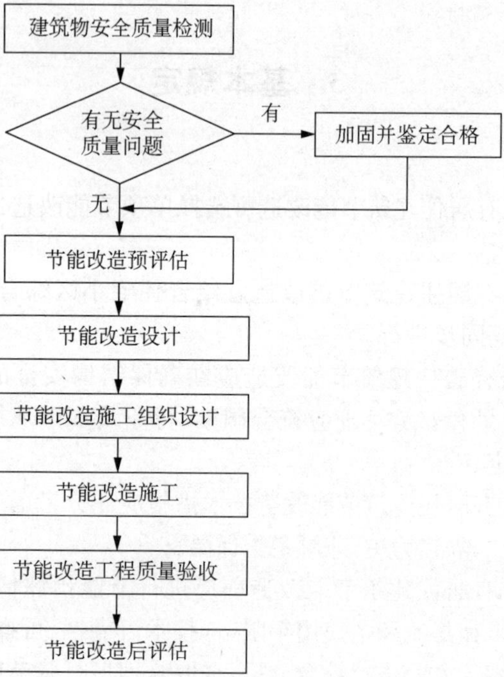

图 3.0.8　既有居住建筑节能改造流程

4 节能改造预评估

4.1 节能改造预评估内容

4.1.1 建筑围护结构预评估宜包括以下指标：

1 朝向窗墙比。

2 外窗完损性、传热系数、遮阳系数和气密性。

3 屋面构造形式及传热系数。

4 屋面渗漏水情况。

5 外墙构造形式及传热系数。

6 外墙完损性。

7 建筑节能率。

4.1.2 空调设备预评估宜包括以下指标：

1 空调设备类型。

2 空调设备铭牌参数。

3 空调设备使用及运转情况。

4.1.3 热水器预评估宜包括以下指标：

1 热水器类型。

2 热水器铭牌参数。

3 热水器使用及运转情况。

4.1.4 电力系统预评估宜包括以下指标：

1 供配电系统的电压等级及配电方式。

2 变压器台数、装机容量、功率及使用情况。

3 主要设备的选型及运行情况。

4 电能质量，主要包括电压偏差、三相电压不平衡度、功率因数、谐波电压及谐波电流等。

5　电梯系统使用及节能运行装置设置情况等。

4.1.5　照明系统预评估宜包括以下指标：

1　灯具类型、光源种类和控制方式。

2　照度与功率密度。

4.2　节能改造判定原则

4.2.1　外窗的传热系数高于 2.8 W/(m^2·K)时，宜对外窗进行节能改造。

4.2.2　外窗的综合遮阳系数不符合表 4.2.2 的规定时，宜进行外窗遮阳节能改造。

表 4.2.2　外窗的综合遮阳系数

朝向面积比	外窗综合遮阳系数要求	
	东、西向	南向
开间窗墙比≤0.20	—	—
0.20<开间窗墙比≤0.30	—	—
0.30<开间窗墙比≤0.40	夏季≤0.40	夏季≤0.45
0.40<开间窗墙比≤0.45	夏季≤0.35	夏季≤0.40
0.45<开间窗墙比≤0.60	夏季≤0.25，冬季≥0.60	—

注：1　表中的“东、西”指从东或西偏北 30°(包括 30°)至偏南 60°(包括 60°)的范围，“南”指南偏东 30°至偏西 30°的范围。

2　楼梯间、外走廊的窗可不按本表执行。

4.2.3　屋面的传热系数不符合现行上海市工程建设规范《居住建筑节能设计标准》DGJ 08—205 的相关规定时，宜对屋面进行节能改造。

4.2.4　外墙面性能不符合表 4.2.4 的规定时，宜对建筑外墙面进行处理。

表 4.2.4 外墙面性能指标要求

外墙面性能指标	要求
外表面的风化程度	无风化、酥松、开裂、脱落等现象
外表面的平整度偏差	±4 mm
外表面的污染度	无积灰、泥土、油污、霉斑等附着物，钢筋无锈蚀
外表面的裂缝、渗水	无结构性、非结构性裂缝及渗水现象
饰面砖的粘结强度	≥0.4 MPa

4.2.5 空调设备不能满足正常使用要求或空调设备能效指标低于产品能效限定值的80%时，宜对空调设备进行改造。

4.2.6 热水器不能满足正常使用要求或热水器能效指标低于产品能效限定值时，宜对热水器进行改造。

4.2.7 供配电系统不能满足更换的用电设备功率、配电电气参数要求时，或主要电器为淘汰产品时，应对配电柜（箱）和配电回路进行改造。

4.2.8 电力变压器列入国家淘汰目录时，宜对电力变压器进行改造。

4.2.9 公共部位及宿舍建筑的室内照明功率密度值超过现行国家标准《建筑照明设计标准》GB 50034 规定的现行值的20%时，宜进行相应的改造。

4.2.10 公共区域的照明未合理设置自动控制时，宜进行相应的改造。

4.3 节能改造预评估方法

4.3.1 应按本标准第4.2节的相关规定进行既有居住建筑节能改造预评估，且预评估宜按下列步骤进行：

1 对项目建设基本情况、建筑围护结构、用能设备或系统等进行初步调查，包括资料收集和现场勘查。

2　对建筑围护结构、用能设备或系统等进行现场检测。

3　对初步调查和现场检测结果进行评估，并编制预评估报告。

4.3.2　建筑各朝向窗墙比应依据建筑平面、立面、剖面图及门窗表或现场勘查结果计算得到。

4.3.3　外窗传热系数及气密性应按下列方法取得：

1　依据设计资料或现场勘查结果确定外窗构造形式。

2　外窗传热系数根据外窗形式、窗框材料及构造、玻璃种类及构造，按现行上海市工程建设规范《居住建筑节能设计标准》DGJ 08—205 附录 D 规定的计算方法计算得到，或依据外窗检测报告确定。

3　外窗气密性应通过现场检测确定，检测方法应按现行上海市工程建设规范《建筑围护结构节能现场检测技术规程》DG/TJ 08—2038 执行。

4.3.4　外窗综合遮阳系数应按下列方法取得：

1　依据设计资料或现场勘查结果确定外窗构造及遮阳形式。

2　外窗综合遮阳系数取外窗遮阳系数与外遮阳系数乘积，外窗遮阳系数取玻璃遮阳系数与窗框系数的乘积，外遮阳系数按现行上海市工程建设规范《居住建筑节能设计标准》DGJ 08—205 附录 E 规定的计算方法计算得到；无外遮阳时，外窗综合遮阳系数取外窗遮阳系数。

4.3.5　屋面构造形式及传热系数应按下列方法取得：

1　依据设计资料或现场勘查结果确定屋面构造形式。

2　屋面传热系数按现行国家标准《民用建筑热工设计规范》GB 50176 的规定计算得到。

4.3.6　外墙构造形式及平均传热系数应按下列方法取得：

1　依据设计资料或现场勘查结果确定外墙构造形式。

2　外墙平均传热系数按现行上海市工程建设规范《居住建

筑节能设计标准》DGJ 08—205 附录 A 规定的计算方法计算得到，并应考虑周边热桥和反射隔热涂料的作用。

4.3.7 屋面渗漏水情况应按现行行业标准《房屋渗漏修缮技术规程》JGJ/T 53 的要求进行评估。

4.3.8 外墙面性能应通过现场勘查及现场检测确定。

4.3.9 建筑节能率宜通过模拟计算确定。

4.3.10 空调设备类型、空调设备铭牌参数及设备运转状况应通过现场勘查确定。

4.3.11 热水器类型、铭牌参数及运转状况应通过现场勘查确定。

4.3.12 电力系统中电动机、电气设备状况、电力系统容量及系统接线形式、变压器铭牌参数及电梯系统设置情况等应依据电气图纸、产品说明书和现场勘查、现场检测结果确定。

4.3.13 照明系统中的灯具类型、光源种类及控制方式应通过现场勘查确定，照度与功率密度应通过现场检测确定，现场检测按现行国家标准《照明测量方法》GB/T 5700 执行。

4.3.14 根据预评估结果，给出评估结论和节能改造建议，编制预评估报告。

5 围护结构节能改造

5.1 一般规定

5.1.1 围护结构节能改造应通过计算分析，对围护结构采取可靠的保温隔热措施。

5.1.2 围护结构节能改造过程中，宜优先选用外窗节能改造。

5.1.3 围护结构节能改造涉及的材料应有产品合格证书和性能检测报告，材料的品种、规格、性能等应符合国家及本市现行相关标准和设计要求。

5.2 设计要求

5.2.1 外窗节能改造设计应符合下列要求：

1 外窗节能改造可采用加窗改造或整窗拆换的方法。

2 当外窗不宜改动，而窗台又有足够宽度时，可采取加窗改造措施，且宜选择加内窗；当外窗无法利用原窗框时，可采取整窗拆换的改造措施。

3 整窗拆换、加窗改造的项目，应符合下列要求：

1）改造后外窗的气密性等级不应低于现行国家标准《建筑幕墙、门窗通用技术条件》GB/T 31433 规定的 6 级。

2）改造后外窗的传热系数不应高于 2.2 W/(m^2·K)。

5.2.2 外遮阳节能改造设计可采用下列方法：

1 南向外窗宜设置水平外遮阳或活动外遮阳；东、西向外窗宜设置活动外遮阳。

2 双层窗可在两窗夹层内安装活动遮阳百叶。

3　若采用活动外遮阳，抗风性能应达到现行行业标准《建筑遮阳通用技术要求》JG/T 274 规定的 5 级及以上要求。

5.2.3　玻璃贴膜或涂膜可采用下列方法：

1　当南向和东、西向的外窗综合遮阳系数不满足本标准表 4.2.2的要求时，宜进行贴膜或涂膜处理。

2　贴膜或涂膜玻璃在满足遮阳系数要求的同时，可见光透射比不应低于 0.40。

5.2.4　屋面节能改造可采用平屋面加保温系统、坡屋面加保温系统以及平屋面改坡屋面加保温系统，屋面节能改造设计应符合表 5.2.4 的要求。

表 5.2.4　屋面节能改造方案及适用范围

屋面节能改造方案	适用屋面情况
平屋面加保温系统	适用于热工性能达不到本标准第 4.2 节要求的屋面，宜结合既有居住建筑屋面修缮工程进行
坡屋面加保温系统	适用于热工性能达不到本标准第 4.2 节要求的屋面，宜结合既有居住建筑屋面修缮工程进行
平屋面改坡屋面加保温系统	适用于热工性能达不到本标准第 4.2 节要求的低层、多层建筑屋面，宜结合既有居住建筑屋面修缮工程进行

1　泡沫玻璃板屋面保温系统可采用正置式或倒置式屋面，若采用倒置式屋面，应符合现行行业标准《倒置式屋面工程技术规程》JGJ 230 的要求；现浇泡沫混凝土、发泡水泥板、无机轻集料保温板屋面保温系统必须采用正置式屋面。

2　泡沫玻璃板、发泡水泥板屋面保温系统应符合下列要求：

1）泡沫玻璃板、发泡水泥板屋面保温系统应由粘结层、保温层、防护层和饰面层组成。

2）保温层厚度应根据单项工程节能计算值选择。

3）泡沫玻璃板、发泡水泥板用于平屋面保温时，应采用与防水层材性相容的胶粘剂粘贴。

3　现浇泡沫混凝土屋面保温系统应符合下列要求：

1）对完好或基本完好的屋面可保留原屋面保温层，直接进行现浇泡沫混凝土屋面保温系统设计；对损坏或严重损坏的屋面，必须铲除损坏部位，再设计现浇泡沫混凝土屋面保温系统。

2）现浇泡沫混凝土屋面保温系统应由防水卷材、现浇泡沫混凝土保温层、细石混凝土保护层和饰面层组成。

3）保温层厚度应根据单项工程节能计算值选择。

4）平屋面找坡层坡度不应小于 2%；天沟、檐沟纵向找坡，坡度不应小于 1%，沟底水落差不得超过 150 mm。

4　无机轻集料保温板平屋面保温宜设置透气孔和排气槽。

5　平屋面改坡屋面保温系统应符合下列要求：

1）宜先在平屋面上加铺保温层，再将平屋顶改成坡屋顶。

2）当建筑物地势较高、周围无遮挡，或地处风口时，其屋面应采取固定加强措施；屋面坡度大于 1∶2 时，全部瓦材应采取固定加强措施；屋面坡度为 1∶3～1∶2 时，檐口（沟）处的两排瓦和屋脊两侧的一排瓦应采取固定加强措施。

6　里弄房屋等屋面安装空间受限的居住建筑，屋面保温改造宜采用气凝胶保温防水复合卷材，且在平屋面改坡屋面或坡屋面改造中，应先在檩条上设置毛木板，再铺设保温防水垫层。

7　屋面节能改造工程中的防水做法应满足现行相关标准的要求。

8　改造后屋面的传热系数应符合现行上海市工程建设规范《居住建筑节能设计标准》DGJ 08—205 的相关规定。

5.2.5　外墙节能改造应符合下列要求：

1　外墙节能改造设计宜采用表 5.2.5 中所列技术方案。

表 5.2.5 外墙节能改造方案及适用范围

外墙节能改造方案	适用范围
涂刷建筑反射隔热涂料	适用于涂料、面砖等不同饰面的既有居住建筑外立面修缮工程，可替代普通涂料
涂刷气凝胶绝热涂料体系	适用于涂料、面砖等不同饰面的既有居住建筑外立面修缮工程，可替代普通涂料
铺设外墙内保温系统	宿舍建筑宜结合室内装修工程进行

2 外墙外保温改造除应提高墙体节能性外，还应确保安全性和耐久性，宜采用建筑反射隔热涂料、气凝胶绝热涂料体系等薄体材料系统。

3 基墙墙面性能指标应满足本标准表 4.2.4 的要求，反射隔热涂料涂刷前，基层应干燥，且含水率不得大于 10%。

4 外墙宜采用高明度、浅色、均质性能好的反射隔热涂料。

5 外墙内保温系统的设计宜符合现行行业标准《外墙内保温工程技术规程》JGJ/T 261 的相关规定。

6 相对于改造前未采取保温措施的外墙，改造后外墙传热系数的降低值不应低于 20%。

7 外墙使用反射隔热涂料的等效热阻值应符合现行行业标准《建筑反射隔热涂料应用技术规程》JGJ/T 359 的规定。

8 采用气凝胶绝热涂料体系进行节能设计时，其等效热阻由围护结构外表面换热阻、太阳光反射比的等效热阻以及中涂漆的热阻三部分组成，其中，气凝胶绝热涂料体系太阳光反射比的等效热阻应按现行行业标准《建筑反射隔热涂料应用技术规程》JGJ/T 359 的规定取值。

5.3 材料要求

5.3.1 外窗窗框、密封材料、玻璃应符合国家、行业和本市现行相关标准的规定。

5.3.2 外遮阳材料应符合设计及现行行业标准《建筑遮阳工程技术规范》JGJ 237和《建筑遮阳通用技术要求》JG/T 274的要求。

5.3.3 玻璃镀膜、玻璃贴膜涉及的材料应满足现行国家标准《建筑玻璃用功能膜》GB/T 29061的有关要求。

5.3.4 屋面保温及防水材料应符合现行国家标准《屋面工程技术规范》GB 50345及现行行业标准《倒置式屋面工程技术规程》JGJ 230的有关要求，且保温材料的燃烧性能必须为A级。

5.3.5 外墙保温材料及其配套材料的性能应符合国家、行业和本市现行相关标准的规定，外墙外保温材料的燃烧性能必须为A级，外墙内保温材料的燃烧性能不应低于B_1级。

5.3.6 反射隔热涂料应符合现行上海市工程建设规范《建筑反射隔热涂料应用技术规程》DG/TJ 08—2200中的材料性能要求。

5.4 施工要求

5.4.1 外窗节能改造施工应符合下列要求：

1 加窗改造施工应符合下列要求：

1）加外窗的施工应按整窗拆换进行。

2）窗框与墙体用膨胀螺丝固定牢固。

3）窗框四周缝隙应使用中性硅胶密封，并符合环保要求。

2 整窗拆换施工应符合下列要求：

1）整窗拆换宜单面施工，减少对室内装饰的破坏。

2）窗框四周边缝应用聚氨酯发泡剂填充，发泡剂不应外溢至框边。

3）外侧应用中性硅胶密封，内侧应用中性硅胶装饰性勾缝。

5.4.2 现场组装遮阳装置应按照产品的组装、安装工艺流程进行组装。

5.4.3 玻璃贴膜施工应符合下列要求：

1 功能膜可在建筑玻璃安装后安装，也可在建筑玻璃安装前安装。

2 功能膜应安装在室内；当需要安装在室外时，应采用室外用功能膜。

3 在镀膜玻璃表面不得直接使用刀片裁切功能膜。

4 施工过程中，不得使玻璃局部升温。

5.4.4 屋面节能改造施工应符合下列要求：

1 屋面的节能改造施工应符合现行国家标准《屋面工程技术规范》GB 50345 的相关规定。

2 应对原屋面基层进行处理，清理表面、修补裂缝、铲去空鼓部位，并确保屋面不产生渗漏情况。

3 板状保温材料施工时，其下部纵向边缘应设排水凹缝。

4 如原屋面的保温层吸水，应清除原保温层或将水分排干后再进行下一步工序。

5 平屋面改坡屋面保温系统中，应在防水层改造后，再作保温隔热处理。

6 复合卷材铺贴时，搭接边宽度应符合设计要求，搭接缝应粘贴牢固。

5.4.5 外墙节能改造施工应符合下列要求：

1 反射隔热涂料的施工应在基层验收合格后进行，且应符合现行上海市工程建设规范《建筑反射隔热涂料应用技术规程》DG/TJ 08—2200 的相关规定。

2 外墙节能改造工程应符合下列要求：

1）铲除损坏的基面时，脚手架上必须做好围护措施，建筑材料不能垂直掉落。

2）管道、设备等的安装及调试宜在有关节能工程施工前完成；必须同步进行时，应在饰面层施工前完成。节能改造工程不应影响管道、设备等的使用和维修。

3）外墙节能改造应注意门、窗、遮阳设施、空调设备等构件的保护，若不慎污染，应及时清理。

3 外墙内保温系统的施工宜符合现行行业标准《外墙内保温工程技术规程》JGJ/T 261 的相关规定。

5.5 验收要求

5.5.1 建筑围护结构节能改造工程应符合现行国家标准《建筑节能工程施工质量验收标准》GB 50411 及现行上海市工程建设规范《建筑节能工程施工质量验收规程》DGJ 08—113 的规定。外窗施工质量验收还应符合现行国家标准《建筑装饰装修工程质量验收标准》GB 50210 的相关要求。

5.5.2 外窗节能改造验收应符合下列要求：

1 外窗节能改造验收时，应提供以下文件资料：

1）外窗节能改造施工图，主要使用材料的材质证明和出厂检验报告，型式检验报告，主要配件质保书，产品合格证及门窗检测资料、门窗复验报告。

2）施工组织设计或施工方案，或施工说明及有关工艺说明。

3）施工过程中经业主和甲方签字确认的方案、变更记录等。

2 同一厂家的同一品种、窗型、开启方式、规格的外窗及外窗玻璃每 100 樘划分为一个检验批，不足 100 樘也为一个检验批。

3 外窗型材品种、型号规格、开启方式、玻璃配置及断热桥状况应符合设计要求和相关标准规定，并应在进场阶段验收。

检查方法：观察、尺量检查；核查质量证明文件。

检查数量：每个检验批的抽查数量不得少于 3 樘；质量证明文件应按其出厂检验批进行核查。

4 外窗节能改造抽样检测指标包括传热系数、气密性、玻璃遮阳系数和可见光透射比，检测结果应符合设计方案的要求。

检查方法：检查相关证明文件（包括各类检验报告），随机抽样送检；核查复验报告。

检查数量：每个检验批的抽查数量不得少于3樘。

5 改造后的窗框与扇框应色泽均匀、协调、表面清洁；窗扇玻璃中空透明，内外光洁；整窗（包括附件）安装牢固可靠；框架横平竖直；窗扇旋转或推拉无异常声响；框扇密封良好。

检查方法：观察检查。

检查数量：每个检验批的抽查数量不得少于5樘。

5.5.3 遮阳改造验收应符合下列要求：

1 遮阳改造工程的质量验收应检查下列文件和记录：

1） 遮阳改造工程的设计图纸和变更记录。

2） 原材料出厂检验报告和质量证明文件，材料构件设备进场检验报告和验收文件。

3） 现场隐蔽工程检查记录及其他有关验收文件。

4） 施工现场安装记录。

5） 遮阳装置调试和试运行记录。

6） 现场试验和检验报告。

2 遮阳改造工程应对下列隐蔽项目进行验收：

1） 预埋件或后置锚固件。

2） 埋件与主体结构的连接节点。

3 每个单位工程，同一厂家的同一品种、类型和规格的遮阳装置每500副划分为一个检验批，不足500副也为一个检验批。

4 外遮阳装置材料、型号、尺寸应符合设计要求及产品指标；安装位置应正确、牢固、安全，开启、关闭应符合要求且应安全、方便。

检查方法：核查质量证明文件；观察、尺量、手动检查。

检查数量：每个检验批的抽查数量不得少于5副；安装牢固程度全数检查。

5 贴膜、镀膜玻璃膜规格应符合设计要求，且位置正确。中空玻璃的均压管应密封处理。

检查方法：核查质量证明文件、膜的检验报告；观察检查及测量。

检查数量：全数检查。

6 遮阳装置与主体结构的锚固连接应符合设计要求。

检查方法：检查预埋件或后置锚固件与主体结构的连接等隐蔽工程施工验收记录和试验报告。

检查数量：全数检查。

5.5.4 屋面节能改造验收应符合下列要求：

1 屋面保温工程验收时应提供下列记录和资料。

1）屋面保温材料、粘结剂及其他材料的合格证（质量保证书）及产品性能检测报告。

2）保温层施工记录。

3）保温层厚度、坡度和平整度等外观检查记录。

4）隐蔽工程验收记录。

5）有特殊要求的工程项目验收记录。

2 相同材料和做法的屋面保温工程，每 100 m^2 划分为一个检验批，不足 100 m^2 也作为一个检验批。

3 找坡层材料、坡度及平均厚度应符合节能设计要求。保温材料的品种、规格、性能等应符合国家产品标准和设计要求。

检查方法：观察、尺量检查；核查质量证明文件。

检查数量：按进场批次，每批随机抽取 3 个试样进行检查；质量证明文件应按照其出厂检验批进行核查。

4 屋面保温工程使用的保温隔热材料，其导热系数、密度、抗压强度、燃烧性能应符合设计要求，并进行进场复验。

检查方法：核查质量证明文件和复验报告。

检查数量：保温面积小于等于 2 500 m^2 的屋面工程，同一厂家、同一品种的屋面保温材料，抽样不得少于 1 次；保温面积为

2 500 m^2～5 000 m^2 的屋面工程，同一厂家、同一品种的屋面保温材料，抽样不得少于 2 次；保温面积大于 5 000 m^2 的屋面工程，每增加 5 000 m^2 的保温面积，抽样次数增加 1 次。

5.5.5 外墙节能改造验收应符合下列要求：

1 外墙节能改造验收时应提供下列记录和资料：

1) 外墙保温材料、粘结剂及其他材料的合格证(质量保证书)，产品性能检测报告。

2) 基层处理记录，保温层施工记录。

3) 保温层厚度、平整度等外观检查记录。

4) 隐蔽工程验收记录。

2 采用相同材料、工艺和施工做法的墙面，每 500 m^2～1 000 m^2 划分为一个检验批，不足 500 m^2 也作为一个检验批。

3 保温系统所用材料，其品种、规格、性能等应符合设计和相关标准的规定。

检查方法：检查产品合格证书；检查性能检验报告、进场验收记录及材料进场复验报告；测量检查保温层厚度。

检查数量：全数检查产品合格证书；全数检查性能检验报告、进场验收记录及材料进场复验报告；保温层厚度每个检验批抽查不少于 3 处。

4 建筑反射隔热涂料、气凝胶绝热涂料品种、型号、性能和颜色应符合设计和相关标准的规定。

检查方法：检查产品合格证书、性能检验报告、进场验收记录及材料进场复验报告。

检查数量：全数检查产品合格证书、性能检验报告、进场验收记录及材料进场复验报告。

5 门窗、凸窗洞口周边墙面及外墙出挑构件等部位的保温及防水密封措施应符合设计要求和相关标准的规定。

检查方法：观察检查；核查隐蔽工程验收记录。

检查数量：全数检查。

6 供暖、通风和空调及生活热水供应系统节能改造

6.1 一般规定

6.1.1 既有居住建筑供暖、通风和空调及生活热水供应系统的节能改造宜结合房屋维修和设备更新进行。

6.1.2 供暖、通风和空调及生活热水供应系统节能改造应保证建筑结构安全和质量。

6.2 设计要求

6.2.1 供暖、通风和空调系统节能改造设计应符合下列要求：

1 当供暖、通风和空调设备需要更换时，应采用符合节能设计要求的空调设备。

2 供暖和空调系统应具有温度、时间控制等运行控制功能。

3 更换空调室外机应考虑原有支架及固定支架的墙体承载力，必要时，应更换新的室外机支架或采取加固措施，且空调室外机冬季化霜水、夏季冷凝水应有组织地排放。

4 空调室外机应设置在通风良好、远离含油雾等排放气体、安全可靠的地方，且应避免其噪声、气流对周围环境产生影响。

5 采用集中排风系统的建筑宜设有新风系统。

6 多联机空调系统冷媒管道最大长度及室内机与室外机间的最大高差，应满足产品技术及节能设计标准的要求。

6.2.2 生活热水供应系统节能改造设计应符合下列要求：

1 应采用符合节能设计要求的设备。

2 设备安放位置应保证建筑结构及其他安全性要求。

3 设备及管线应布置合理，不宜影响建筑使用功能及外观。

4 有热水系统改造需求的既有居住建筑，经技术经济分析合理时，应采用太阳能热水系统。

5 既有居住建筑中太阳能热水系统的增设和改造应符合现行国家标准《民用建筑太阳能热水系统应用技术规范》GB 50364 和现行本市相关标准的规定。

6 平屋面新增太阳能集热器时，不应降低相邻建筑的日照标准。

7 新增或改造后的太阳能热水系统，太阳能保证率不低于45%，集热器集热效率不低于50%。

8 既有居住建筑热水系统改造时采用的空气源热泵热水器的能效指标应符合现行国家标准《热泵热水机(器)能效限定值及能效等级》GB 29541 中节能评价值的规定。

9 生活热水供应系统应设供水温度可调的温度自控装置。

6.3 设备要求

6.3.1 供暖、通风和空调系统的设备应符合下列要求：

1 额定制冷量不大于 14 kW 的房间空调器，在规定工况条件下，其能效不应低于表 6.3.1-1 的限定值。

表 6.3.1-1 房间空调器能效限定值

额定制冷量(*CC*)(W)	单冷型	热泵型
	制冷季节能源消耗效率(*SEER*)(Wh/Wh)	全年能源消耗效率(*APF*)(Wh/Wh)
CC≤4 500	5.40	4.50
4 500<*CC*≤7 100	5.10	4.00
7 100<*CC*≤14 000	4.70	3.70

2 名义制冷量不小于 7.1 kW、电机驱动压缩机的单元式空调(热泵)机组和风管送风式空调(热泵)机组,在规定工况条件下,其能效不应低于表 6.3.1-2 的限定值。

表 6.3.1-2 单元式空调(热泵)机组和风管送风式空调(热泵)机组能效限定值

类型		名义制冷量(*CC*)(W)	单冷型	热泵型
			制冷季节能源消耗效率(*SEER*)(Wh/Wh)	全年能源消耗效率(*APF*)(Wh/Wh)
风冷式	单元式	7 100≤*CC*≤14 000	3.80	3.10
		CC>14 000	3.00	3.00
	风管式	7 100<*CC*≤14 000	3.60	3.20
		14 000<*CC*≤28 000	3.40	3.00
		CC>28 000	3.00	2.80
水冷式	单元式	7 100≤*CC*≤14 000	3.70	—
		CC>14 000	4.30	—
	风管式	7 100<*CC*≤14 000	4.00	—
		CC>14 000	3.80	—

注:水冷式单元式空调机组和风管送风式空调机组制冷时的规定指标为制冷综合部分性能系数(*IPLV*)。

3 多联式空调(热泵)机组的能效不应低于表 6.3.1-3 和表 6.3.1-4 的限定值。

表 6.3.1-3 多联式空调水冷机组能效限定值

额定制冷量(*CC*)(W)	制冷综合性能系数(*IPLV*)(Wh/Wh)
CC≤28 000	5.90
28 000<*CC*≤84 000	5.80
CC>84 000	5.70

表 6.3.1-4　多联式空调(热泵)风冷机组能效限定值

额定制冷量(*CC*) (W)	全年能源消耗效率(*APF*) (Wh/Wh)
$CC \leqslant 14\ 000$	4.40
$14\ 000 < CC \leqslant 28\ 000$	4.30
$28\ 000 < CC \leqslant 50\ 000$	4.20
$50\ 000 < CC \leqslant 68\ 000$	4.00
$CC > 68\ 000$	3.80

6.3.2　生活热水供应系统的设备应符合下列要求：

1　燃气锅炉在名义工况和规定条件下的热效率不应低于94%，户式燃气供暖热水炉、储水式电热水器的能效指标不应低于表6.3.2-1的要求。

表 6.3.2-1　户式燃气供暖热水炉和储水式电热水器能效指标要求

类型	能效指标	
户式燃气供暖热水炉	η_1	≥89%
	η_2	≥85%
储水式电热水器	24 h 固有能耗系数	≤0.7
	热水输出率	≥60%

注：η_1 为供暖热水炉额定热负荷和部分热负荷(供暖状态为30%的额定热负荷)下两个热效率值中的较大值，η_2 为较小值。

2　太阳能热水器能效系数不应低于表6.3.2-2的要求。

表 6.3.2-2　太阳能热水器能效系数限定值

家用太阳能热水系统形式	能效系数(*CTP*)
紧凑式	$0.32 \leqslant CTP < 0.50$
分离直接式(分体单回路)	$0.30 \leqslant CTP < 0.48$
分离间接式(分体双回路)	$0.28 \leqslant CTP < 0.45$
闷晒式	$0.40 \leqslant CTP < 0.60$

3 空气源热泵热水器名义工况性能系数(*COP*)不应低于表6.3.2-3的要求。

表6.3.2-3 空气源热泵热水器名义工况时的性能系数限定值

<table>
<tr><th>制热量(kW)</th><th>型式</th><th colspan="2">加热方式</th><th>性能系数(COP)</th></tr>
<tr><td rowspan="3"><10</td><td rowspan="2">普通型</td><td colspan="2">一次加热式、循环加热式</td><td>4.40</td></tr>
<tr><td colspan="2">静态加热式</td><td>4.00</td></tr>
<tr><td>低温型</td><td colspan="2">一次加热式、循环加热式</td><td>3.60</td></tr>
<tr><td rowspan="6">≥10</td><td rowspan="3">普通型</td><td colspan="2">一次加热</td><td>4.40</td></tr>
<tr><td rowspan="2">循环加热</td><td>不提供水泵</td><td>4.40</td></tr>
<tr><td>提供水泵</td><td>4.30</td></tr>
<tr><td rowspan="3">低温型</td><td colspan="2">一次加热</td><td>3.70</td></tr>
<tr><td rowspan="2">循环加热</td><td>不提供水泵</td><td>3.70</td></tr>
<tr><td>提供水泵</td><td>3.60</td></tr>
</table>

6.4 施工要求

6.4.1 供暖、通风和空调系统施工应符合下列要求：

1 新增或更换的供暖、通风和空调系统设备、配件、材料及其性能等应符合设计要求，且有产品合格证；其中，设备应符合本标准第6.3节的设备能效要求。

2 供暖通风空调设备的安装应利用已有设备基础、管道沟(井)及土建预留洞。在楼板及墙体上打孔穿管时，应避开墙内的设备及电气线路。

3 供暖、通风和空调系统设备的安装位置应留有相应的维修空间。

4 供暖、通风和空调系统管道穿墙处必须密封，不得有雨水渗入。

5 空调室外机的安装、固定应牢固、可靠。

6 空调室外机的安装应避开易产生噪声、振动的地点；当室外机噪声及振动不能满足有关标准规定时，应采取有效降噪及减振措施。

7 多联机空调系统室外机安装时，应确保室外机的四周留有足够的进排风和维护空间，进排风应通畅，必要时室外机应安装风帽及气流导向格栅。

6.4.2 生活热水供应系统施工应符合下列要求：

1 新增或更换的热水系统产品、配件、材料及其性能等应符合设计要求，且有产品合格证；其中，设备应符合本标准第6.3节的设备能效要求。

2 新增或更换燃气热水器时，安装燃气热水器的墙体承重能力应满足设计要求。

3 新增或更换储水式电热水器或燃气供暖热水炉时，安装架（钩）与安装面的承重能力应满足设计要求。

4 太阳能热水系统安装不应损坏建筑物的结构；不应影响建筑物在设计使用年限内的结构安全性；不应破坏屋面防水层，必须破坏时，事后应对其进行修复；不应影响建筑物的附属设施及避雷设施。

5 空气源热泵热水器的室外机四周应留有足够空间进行操作维修或零件更换。

6.5 验收要求

6.5.1 供暖、通风和空调系统节能改造的验收应符合现行国家标准《建筑节能工程施工质量验收标准》GB 50411、《通风与空调工程施工质量验收规范》GB 50243以及现行上海市工程建设规范《建筑节能工程施工质量验收规程》DGJ 08—113的规定。

6.5.2 新增或改造的太阳能热水系统的验收应符合现行国家标准《民用建筑太阳能热水系统应用技术标准》GB 50364和本市现

行相关标准的规定。

6.5.3 更新后的空调设备能效应符合设计要求。

检查方法:核查设备铭牌和产品检验报告。

检查数量:全数检查。

6.5.4 燃气热水器或电热水器能效指标应符合设计要求。

检查方法:核查设备铭牌。

检查数量:全数检查。

6.5.5 太阳能热水器能效系数应符合设计要求。

检查方法:核查设备铭牌。

检查数量:全数检查。

6.5.6 空气源热泵热水器性能系数应符合设计要求。

检查方法:核查设备铭牌。

检查数量:全数检查。

7 电力与照明系统节能改造

7.1 一般规定

7.1.1 电力与照明系统的改造不宜影响既有建筑的工作、生活环境，改造期间应有保障临时用电的技术措施。

7.1.2 电力与照明系统的改造设计宜结合系统主要设备的更新换代进行。

7.1.3 电力与照明系统的改造应在满足用电安全、功能要求和节能需要的前提下进行，并应采用高效节能的产品和技术，其性能应满足国家及本市现行相关规范的要求。

7.2 设计要求

7.2.1 重新设计的照明系统，其照度和照明功率密度应符合现行国家标准《建筑照明设计标准》GB 50034 的现行值要求。

7.2.2 公共部位及宿舍建筑的室内照明应采用发光二极管(LED)等节能型灯具取代白炽灯、T12 直管荧光灯和 T8 卤粉直管荧光灯等非节能灯具。

7.2.3 除电梯厅外的建筑内公共部位照明应采用节能自熄开关。

7.2.4 电梯系统节能改造宜采取轿厢无人自动关灯技术等节能措施，高层建筑电梯宜进行分层管理。

7.3 设备要求

7.3.1 新增或更换电力变压器时，变压器能效等级不应低于现行国家标准《电力变压器能效限定值及能效等级》GB 20052 的节能评价值要求。

7.3.2 公共部位及宿舍建筑的室内照明光源、灯具及其附属装置的选择应符合现行上海市工程建设规范《居住建筑节能设计标准》DGJ 08—205 以及相关规范的要求。

7.4 施工要求

7.4.1 电力系统改造的线路宜使用原有路由进行敷设。当现场条件不允许或原有路由不合理时，应按照合理、方便施工的原则重新敷设。

7.4.2 接地(PE)或接零(PEN)支线必须单独与接地(PE)或接零(PEN)干线相连接，不得串联连接。

7.4.3 电气设备的改造应符合现行国家标准《建筑电气工程施工质量验收规范》GB 50303 的相关规定。

7.4.4 建筑电气动力工程的负荷试运行应依据电气设备及相关建筑设备的种类、特性，编制试运行方案或作业指导书，并应经施工单位审查批准、监理单位确认后执行。

7.5 验收要求

7.5.1 建筑电气动力工程的空载试运行和建筑电气照明工程的负荷试运行应按现行国家标准《建筑电气工程施工质量验收规范》GB 50303 的要求执行。

7.5.2 照度值允许偏差为设计值的±10%，功率密度值应符合设计要求。

检查方法：在无外界光源的情况下，检测被检区域内平均照度和功率密度。

检查数量：每种功能区检查不少于 2 处。

7.5.3 照明光源、灯具及附属装置的选择应符合设计要求。

检查方法：检查技术资料和性能检测报告等质量证明文件，并与实物核对。

检查数量：全数检查。

8 节能改造后评估

8.0.1 既有居住建筑节能改造工程竣工验收1年之后，宜进行节能改造后评估。

8.0.2 既有居住建筑节能改造后评估的内容包括围护结构热工性能、用能设备能效和建筑能耗。

8.0.3 既有居住建筑节能改造后评估的方法主要是资料审查、现场检查、性能检测以及模拟计算。

8.0.4 对于实施单项节能改造的项目，应对改造部位或改造措施进行单项评估，判定改造部位或改造措施是否符合设计要求。

8.0.5 对于实施综合节能改造的项目，应对改造后建筑能耗、节能率进行评估，判定改造后建筑节能效果是否达到既定的节能目标。

8.0.6 既有居住建筑节能改造后评估时，如对施工现场见证取样报告存在异议，应以现场检测结果为准。

8.0.7 既有居住建筑节能改造后评估应符合国家、行业和本市现行有关标准的规定。

本标准用词说明

1 为了便于在执行本标准条文时区别对待，对要求严格程度不同的用词说明如下：

1）表示很严格，非这样做不可的用词：
正面词采用“必须”；
反面词采用“严禁”。

2）表示严格，在正常情况均应这样做的用词：
正面词采用“应”；
反面词采用“不应”或“不得”。

3）表示允许稍有选择，在条件许可时首先应这样做的用词：
正面词采用“宜”；
反面词采用“不宜”。

4）表示有选择，在一定条件下可以这样做的用词，采用“可”。

2 标准中指定应按其他有关标准执行时，写法为“应符合……的规定(要求)”或“应按……执行”。

引用标准名录

1 《电力变压器能效限定值及能效等级》GB 20052
2 《建筑幕墙、门窗通用技术条件》GB/T 31433
3 《建筑照明设计标准》GB 50034
4 《民用建筑热工设计规范》GB 50176
5 《建筑装饰装修工程质量验收标准》GB 50210
6 《通风与空调工程施工质量验收规范》GB 50243
7 《建筑电气工程施工质量验收规范》GB 50303
8 《屋面工程技术规范》GB 50345
9 《民用建筑太阳能热水系统应用技术标准》GB 50364
10 《建筑节能工程施工质量验收标准》GB 50411
11 《照明测量方法》GB/T 5700
12 《家用和类似用途热泵热水器》GB/T 23137
13 《建筑玻璃用功能膜》GB/T 29061
14 《房屋渗漏修缮技术规程》JGJ/T 53
15 《倒置式屋面工程技术规程》JGJ 230
16 《建筑遮阳工程技术规范》JGJ 237
17 《外墙内保温工程技术规程》JGJ/T 261
18 《建筑遮阳通用技术要求》JG/T 274
19 《建筑反射隔热涂料应用技术规程》JGJ/T 359
20 《建筑节能工程施工质量验收规程》DGJ 08—113
21 《建筑围护结构节能现场检测技术规程》DG/TJ 08—2038
22 《居住建筑节能设计标准》DGJ 08—205
23 《建筑反射隔热涂料应用技术规程》DG/TJ 08—2200

上海市工程建设规范

既有居住建筑节能改造技术标准

DG/TJ 08—2136—2022

J 10952—2022

条 文 说 明

2023 上海

目　次

Contents

1 总 则

1.0.1 本市非节能居住建筑量大面广，建筑能耗大，热环境质量差。近年来，随着经济社会发展和人民生活水平的提高，本市住宅空调和采暖需求逐年上升。空调用电成为夏季居民用电的主要部分，用电高峰负荷已经对电网容量与安全形成挑战。实施既有居住建筑节能改造，一方面可以提升建筑用能效率，降低建筑用能需求，有效缓解建筑能耗增长压力；另一方面可以提高建筑室内热舒适性，有效改变居住建筑室内夏季过热、冬季过冷的状况，减少室内噪声，更好地惠及民生。为了规范本市既有居住建筑节能改造工程的实施，特制定本标准。

1.0.4 本标准对既有居住建筑节能改造中的检测、评估、适用的材料和设备以及技术措施等作了规定，也对既有居住建筑节能改造中的施工和验收提出了要求，但既有居住建筑的节能改造涉及的材料、技术很多，相关专业均制定有相应的标准和规范，并作出了节能规定。因此，在实施既有居住建筑的节能改造工程时，除应符合本标准外，尚应符合国家和本市现行的有关标准和规范。

2 术 语

2.0.3 既有居住建筑单项节能改造一般为针对外窗、遮阳、屋面、外墙等围护结构进行的单项节能改造。

在宿舍建筑中，也可包括采暖、空调和通风、照明等设备单项改造。

2.0.4 既有居住建筑综合节能改造一般为针对外窗、遮阳、屋面、外墙等围护结构进行两项或两项以上的节能改造。

在宿舍建筑中，可将用能设备的改造纳入综合节能改造。对围护结构、用能设备或系统中的任意两项或两项以上实施改造，均可为既有居住建筑综合节能改造。

3 基本规定

3.0.1 考虑到资金条件和居民工作给既有居住建筑节能综合改造带来一定的限制，本条规定既有居住建筑可分步实施单项改造，根据预评估结果优先采用易于实施、对居民影响小、效果显著、性价比高的节能改造技术。

3.0.3 既有居住建筑节能改造前，应对建筑物的安全质量现场进行勘查，对原结构的安全性进行复核、验算和检测，并将检测报告报相关管理部门备案。若建筑结构安全不满足节能改造要求，应先采取加固措施。

抗震、结构、防火是否安全，是关系居住建筑安全和使用寿命的问题，既有居住建筑节能改造当涉及这些问题时，应根据现行的抗震、结构和防火规范进行评估，并根据评估结论确定是否开展节能改造或同步实施安全和节能改造。

既有居住建筑节能改造应在保证居民安全的前提下开展，涉及屋面、外墙保温系统节能改造的改造工程，建议将居民撤出后再进行改造。

3.0.5 既有居住建筑节能改造工作牵涉面广、工作量大、情况复杂，改造技术的选择应遵循“以人为本、安全可靠、实用经济”的原则，根据调查判断的结果，进行节能改造专项设计，制订具有针对性的设计方案。

4 节能改造预评估

4.1 节能改造预评估内容

4.1.1～4.1.5 此几条给出了节能改造预评估范围及具体内容。拟进行围护结构节能改造的项目，如果明确只改造某一部位，则针对该改造部位进行预评估，如只对外窗进行节能改造，可以只对朝向窗墙比、外窗完损性和外窗的热工性能等进行评估，其中，外窗完损性指的是外窗是否存在杆件变形、翘曲，窗扇、框杆件锈烂，窗扇变形、渗水，五金配件、玻璃破损缺失等情况；对于未明确改造部位的项目，可根据工程实际情况，依据此几条条文规定的预评估内容，选择相应指标进行评估。

4.2 节能改造判定原则

4.2.1，4.2.2 在上海地区，外窗是影响热环境和能耗最重要的因素，进行既有居住建筑节能改造时，节能投资回报率最高，提高窗的保温性能和灵活控制遮阳是夏季防热、冬季保温，降低夏季空调、冬季采暖负荷的重要措施。

4.2.5，4.2.6 本标准中空调、热水器等用能设备改造主要针对宿舍建筑中的集中式或统一设置、统一管理的用能设备，居民家庭自行购买的用能设备的改造在本标准内不作要求，居民家庭可参照本标准判定原则自行实施用能设备节能改造。

空调、热水器现行产品标准有《房间空气调节器能效限定值及能效等级》GB 21455—2019、《单元式空气调节机能效限定值及能效等级》GB 19576—2019、《储水式电热水器能效限定值及能效等级》GB 21519—2008、《家用太阳能热水系统能效限定值及能效等级》GB 26969—2011、《热泵热水机(器)能效限定值及能效等级》GB 29541—2013 等。

4.3 节能改造预评估方法

4.3.1 建筑围护结构的节能预评估重点对围护结构中与节能相关的构造形式和使用材料进行调查,取得第一手资料,找出建筑高能耗的原因和导致室内热环境较差的各种可能因素。

由于建造年代久远而图纸资料不全时,应现场勘查或现场检测,且需根据评估对象采取适宜的方法,例如,针对屋面、外墙构造,可采用现场尺量、钢针插入或剖开检查等方法,针对门窗尺寸、建筑层高等可进行实地测量。

4.3.3～4.3.6 此几条给出了围护结构热工性能的预评估方法。经查阅建筑相关资料无法得到围护结构热工性能时,应委托有资质的检测机构对围护结构热工性能进行现场检测,作为节能评估的依据。

4.3.10,4.3.11 既有居住建筑空调、热水器预评估,主要是通过资料收集和现场勘查设备铭牌信息获取设备性能参数,以及对实际运转情况进行检查,确定设备是否损坏。进行空调和热水器预评估的居住建筑主要是宿舍建筑。

4.3.13 居住建筑照明预评估,包括了解灯具类型、光源种类及控制方式,现场检测照度水平和照明功率密度。

4.3.14 根据预评估结果形成预评估结论和建议,编制预评估报告,为制订节能改造方案提供依据。

5 围护结构节能改造

5.1 一般规定

5.1.2 从可操作性和经济性等方面综合考虑，既有居住建筑节能改造宜优先采用外窗节能改造。

5.2 设计要求

5.2.1 既有建筑外窗节能改造可采用整窗拆换和加窗等，这取决于用户要求和原窗户质量。外窗改造方案的适用范围见表1。

表1 外窗改造方案的适用范围

改造方案	适用范围	评价
加窗改造	外窗不宜改动，窗台具有足够宽度	加窗改造不易造成渗漏隐患，但改造成本较高，内侧加窗施工方便
整窗拆换	窗框破烂，严重变形，无法继续使用	影响室内环境与装修，窗墙间有渗漏隐患，改造成本较高

5.2.2 外遮阳有多种形式，可以根据用户要求和实际情况加以设计选用。研究证明，遮阳对降低空调能耗的作用不亚于中空玻璃。但对住宅建筑来说，夏天最好能遮阳，冬天能让阳光进屋，因此提倡活动式遮阳。遮阳对建筑的方向性依赖较大，一般来说，东、西向窗户提倡采用活动式遮阳。

5.2.4 屋面节能改造不仅是为了提高屋面的保温隔热性能，还有一个重要的目的就是对损坏的屋面进行修补，确保其正常的使用功能。

在上海地区，20世纪八九十年代建造的多层住宅很多为平屋面，有的有架空层，有的没有，夏季屋顶受到太阳辐射非常强烈，顶层住户的室内舒适度很差，空调能耗较高。采用平屋面加保温系统或平屋面改坡屋面加保温系统的方法对改善顶层住户舒适度、降低空调能耗非常有效，可根据不同情况采用。

若将平屋面改为坡屋面，并内置保温隔热材料，不仅可提高屋面的热工性能，还有可能提供新的使用空间(顶层面积可增加约60%)，也有利于防水，并具有检修维护费用低、耐久的优点。但是当建筑物地势较高、周围无遮挡，或地处风口时，坡屋顶可能受到较强风力的作用，容易导致屋瓦损坏，因此，须采取固定加强措施。

5.2.5 既有居住建筑节能改造的对象主要为上海地区20世纪八九十年代建造的职工住宅。既有居住建筑的实际情况复杂，本标准综合投资成本、工程难易程度和节能的贡献率等，制定外墙节能改造目标。

气凝胶绝热涂料体系绝热机理主要是通过阻隔热传导、反射隔热和辐射隔热保温三个方面体现。其中，辐射隔热保温效应在国家现行建筑节能设计标准中通过外表面换热阻体现。目前，外表面换热阻只考虑了墙体表面与室外大气环境的辐射和对流换热，而未考虑墙体表面直接与外太空大气窗口(即8 μm～13.5 μm的远红外波段)的辐射换热。气凝胶绝热涂料体系的大气窗口辐射换热阻应依据当地实际气候条件计算得到。

5.3 材料要求

5.3.1 外窗窗框、密封材料、玻璃应符合下列要求：

1 聚氯乙烯异型材应选用耐候级未增塑聚氯乙烯门窗用料，并应符合现行国家标准《门、窗用未增塑聚氯乙烯(PVC-U)型材》GB/T 8814的规定。

2 密封条宜选用三元乙丙等优质密封条。

3 中空玻璃应符合现行国家标准《中空玻璃》GB/T 11944 的要求，其中间隔条内应放置干燥剂，选用的干燥剂应符合相关产品标准的要求。

5.3.4，5.3.5 目前，市场上用于围护结构节能改造的材料，如各种保温材料、网格布、胶粘剂等，种类繁多，其质量和技术性能良莠不齐。为保证围护结构节能改造的质量，施工图设计应提供所选用材料技术性能指标，其指标应符合有关标准要求；施工应按施工图设计的要求及国家现行有关标准的规定进行。严禁使用国家明令禁止和淘汰使用的材料、设备。目前，燃烧性能等级达到A级的保温材料包括泡沫玻璃板、发泡水泥板、网织增强岩棉板、无机轻集料保温板、硅墨烯保温板、硅岩板和气凝胶保温防水复合卷材等。

5.4 施工要求

5.4.1 外窗节能改造

1 在原有建筑建成时间不长，窗户性能尚可的情况下，加窗改造是一个可取的选择，因为加窗改造是一种难度低且不影响原窗格局的改造措施。

2 整窗拆换时，宜选择单面施工，避免过多敲打和破坏墙体导致增加施工工作量。

5.4.4 屋面节能改造工程的目的之一是提高屋面的保温隔热性能，还有一个重要的目的就是对损坏的屋面进行修补，确保其正常的使用功能，这也是进行屋面保温改造的基本条件。

5.5 验收要求

5.5.2 外窗型材品种、型号规格、开启方式、玻璃配置及断热桥状况等必须符合设计要求，这是最基本要求，应该完全执行。外窗改造后的验收，当前主要采用直观验收方法，包括表观性能，如透明、光洁、色泽均匀性；牢固可靠性；旋转灵活性；密封降噪性等。抽检指标主要查验样窗测试报告，包括传热系数、气密性、玻璃遮阳系数及可见光透射比等性能指标。

5.5.3 外遮阳按设计要求和产品说明验收。外遮阳是一种建筑景观部件，因此，应对其与建筑整体的协调性加以验收。

6 供暖、通风和空调及生活热水供应系统节能改造

6.1 一般规定

6.1.1,6.1.2 既有居住建筑供暖、通风和空调及生活热水供应系统节能改造,主要是居民个人行为,因此,鼓励居民结合房屋维修和设备更新,选取高效节能的空调机组和热水器。

空调机组和热水器的更换,重新敷设管道时,应尽量利用原有孔洞,减少在建筑屋顶、外墙上开设新的孔洞,避免对建筑质量和结构安全造成影响。

6.2 设计要求

6.2.1 供暖、通风和空调设备更新时,选用高效的节能设备和方便调节的空调系统,有利于空调节电。

供暖和空调系统应具有运行控制功能,满足部分空间和部分时间的使用需求。

空调室外机的排热和吸热是通过室外空气与其换热盘管进行热交换实现的,因此,环境空气流畅是空调机组正常运行的关键。目前,为了建筑立面的美观,某些空调室外机会加装百叶,百叶的宽度和间距设计应以不影响室外机的换热效果为前提。

多联式空调系统室内外机之间的冷媒管道可以长达 100 多米,但冷媒管道过长、室内外机之间或室内机之间高差过大,均会导致机组制冷或制热能力下降,上海市工程建设规范《公共建筑节能设计标准》DGJ 08—107—2015 第 4.3.9 条规定,“应根据室

外机与室内机之间、室内机之间的高度差和配管长度计算夏季供冷量修正系数，该修正系数不应小于0.85”。

6.2.2 本条文对居住建筑中几种常用的热水系统提出了相应的设计要求，包括太阳能热水器和空气源热泵热水器。

《上海市建筑节能条例》中指出，鼓励既有民用建筑在节能改造时，设计、安装太阳能等可再生能源利用系统。对于老年公寓、酒店式公寓等有热水系统改造需求的，在技术经济条件允许的条件下，可采用太阳能热水系统。

6.3 设备要求

6.3.1 本条文规定了居住建筑节能改造中涉及的空调设备的要求。

1 房间空调器的能源消耗效率按现行国家标准《房间空气调节器能效限定值及能效等级》GB 21455—2019 中2级能效等级的要求执行。

2 单元式空调（热泵）机组和风管送风式空调（热泵）机组的能源消耗效率按国家标准《单元式空气调节机能效限定值及能效等级》GB 19576—2019、《风管送风式空调机组能效限定值及能效等级》GB 37479—2019 中2级能效等级的要求执行。

3 多联式空调（热泵）机组的制冷综合性能系数、全年能源消耗效率按现行上海市工程建设规范《居住建筑节能设计标准》DGJ 08—205 的要求执行。

6.3.2 本条文规定了居住建筑节能改造中涉及的热水器的要求。

本标准中燃气锅炉热效率根据国家标准《工业锅炉能效限定值及能效等级》GB 24500—2020 中2级能效等级的要求设定。户式燃气供暖热水炉热效率根据国家标准《家用燃气快速热水器和燃气采暖热水炉能效限定值及能效等级》GB 20665—2015 中 2 级能效等级对应的热效率值设定。目前，市场上大部分储水式电热水器达到了 2 级及以上水平，因此，本标准中储水式电热水器能效指标根据国家标准《储水式电热水器能效限定值及能效等级》GB 21519—2008 中节能评价值 2 级的要求设定。太阳能热水器能效系数根据国家标准《家用太阳能热水系统能效限定值及能效等级》GB 26969—2011 的节能评价值 2 级设定。空气源热泵热水器性能系数根据国家标准《热泵热水机(器)能效限定值及能效等级》GB 29541—2013 的节能评价值 2 级设定。

6.4 施工要求

6.4.1 空调设备的施工安装主要考虑利用原有的基础、孔洞，减少对建筑的影响。更换新的室外机时，首先判断原有支架是否满足要求，当不满足要求时，应进行更换或加固。室外机安装还要考虑留有足够的维修空间等。

6.4.2 更换热水器时，应充分考虑原有墙体或支架的承重能力。新增太阳能热水系统必须经过结构安全复核。

6.5 验收要求

6.5.1～6.5.6 供暖通风空调设备和热水器的验收，除满足相关验收规范要求外，设备的能效指标应满足本标准的各项规定和设计要求。

7 电力与照明系统节能改造

7.1 一般规定

7.1.2 尤其是配电系统改造，若变压器、配电柜中元器件等仍然使用国家淘汰产品，要考虑更换。

7.1.3 应采用国家及上海市有关部门推荐的绿色节能产品和设备。照明灯具的选择应符合现行上海市工程建设规范《建筑节能工程施工质量验收规程》DGJ 08—113 中规定的光源和灯具。

7.2 设计要求

7.2.2 在对照明设备改造时，应将白炽灯、T12 直管荧光灯、T8 卤粉直管荧光灯等禁止使用的灯具更换成发光二极管(LED)等节能型灯具。此外，应按照标准规定清扫光源和灯具，按原设计或实际安装的光源参数定期更换。

7.2.4 本标准中的电梯系统改造技术是针对原有电梯系统的居住建筑而言的，本标准对于加装电梯的情况不作探讨。

7.3 设备要求

7.3.1 为降低变压器的能源消耗，选用变压器的能效等级不应低于现行国家标准《电力变压器能效限定值及能效等级》GB 20052 的节能评价值要求。

7.4 施工要求

7.4.1 电力系统改造线路敷设非常重要，一定要进行现场踏勘。需要仔细考虑原有路由，一些老建筑的配电线路很多都经过2次以上的改造，有些图纸与实际情况完全不符，如果不认真进行现场踏勘，会严重影响改造施工的顺利进行。

8 节能改造后评估

8.0.2,8.0.3 节能改造后评估和节能改造预评估的内容应该保持一致。改造前后的检测应在相同的使用条件或运行工况下,针对同一测点位置或设备,采取相同的测试条件和检测方法评估,以保证评估结果的可靠性和可比性。

8.0.5 对于宿舍建筑,节能改造效果评估可采用实际计量的能耗数据进行分析计算。